公益性行业(农业)科研专项
"主要农作物高活力种子生产技术研究与示范"
成果丛书

种子活力测定技术手册

水稻种子活力氧传感快速测定技术手册

丛书主编　王建华
赵光武　编著

中国农业大学出版社
· 北京 ·

内 容 简 介

本手册介绍应用氧传感技术，通过测定种子萌发过程中的氧气消耗来鉴定种子的活力水平。

图书在版编目(CIP)数据

种子活力测定技术手册．水稻种子活力氧传感快速测定技术手册/赵光武编著．—北京：中国农业大学出版社，2018.5

（公益性行业（农业）科研专项“主要农作物高活力种子生产技术研究与示范”成果丛书/王建华主编）

ISBN 978-7-5655-2022-8

Ⅰ．①种… Ⅱ．①赵… Ⅲ．①水稻-种子活力-测定-技术手册 Ⅳ．①S330.3-62

中国版本图书馆 CIP 数据核字(2018)第 088054 号

书　　名	种子活力测定技术手册 水稻种子活力氧传感快速测定技术手册
作　　者	赵光武　编著

责任编辑	洪重光	**封面设计**	郑　川
出版发行	中国农业大学出版社		
社　　址	北京市海淀区圆明园西路 2 号	**邮政编码**	100193
电　　话	发行部 010-62818525,8625	**读者服务部**	010-62732336
	编辑部 010-62732617,2618	**出　版　部**	010-62733440
网　　址	http://www.caupress.cn	**E-mail**	cbsszs@cau.edu.cn
经　　销	新华书店		
印　　刷	涿州市星河印刷有限公司		
版　　次	2018 年 9 月第 1 版　　2018 年 9 月第 1 次印刷		
规　　格	787×980　16 开本　4.25 印张　42 千字		
定　　价	128.00 元(全八册)		

图书如有质量问题本社发行部负责调换

公益性行业(农业)科研专项
“主要农作物高活力种子生产技术研究与示范”
成果丛书

编写委员会

《种子活力测定技术手册》(共8分册)编委会

主　　编　王建华　赵光武　孙　群

编写人员　（按姓氏音序排列）

何龙生（浙江农林大学）

江绪文（青岛农业大学）

李润枝（北京农学院）

孙　群（中国农业大学）

唐启源（湖南农业大学）

王建华（中国农业大学）

赵光武（浙江农林大学）

总 序

农业生产最大的风险是播下的种子不能正常出苗，或者出苗后不能正常生长，从而造成缺苗断垄甚至减产。近些年，发达国家的种子在我国呈现出快速扩张的趋势，种子活力显著高于国内种子是其中的重要原因之一。农业生产的规模化、机械化是提高我国农业劳动生产效率，实现农业现代化的必由之路。单粒精量播种技术简化了作物生产管理的间苗定苗环节，大幅度降低了农业生产人力和财力支出，同时也是优质农产品生产的基本保障。但是，高活力种子是实现单粒精量播种的必要条件，现阶段我国主要农作物种子活力还难以适应规模化机械化高效高质生产技术的发展要求。

研究我国主要农作物种子的高活力生产技术和低损加工技术，提高种子质量是农业生产机械单粒播种、精量播种的迫切需要，也是加强我国种子企业的市场竞争力与种业安全的紧迫需求。2012 年，中国农业大学牵头，山东农业大学、湖南农业大学、中国农业科学院作物科学研究所、浙江农林大学、北京德农种业有限公司参与，共同申报承担了农业部公益性行业（农业）

科研专项“主要农作物高活力种子生产技术研究与示范”(项目号 201303002,项目执行期 2012.01—2017.12)。依托前期项目组成员单位和国内外的工作基础,项目组有针对性地研究了影响玉米、水稻、小麦、棉花高活力种子生产中的关键问题,组装配套各类作物高活力种子的生产技术规程和低损加工技术规程,并在企业进行技术示范,为全面提升我国主要农作物种子活力水平提供理论指导,为农业机械化和现代化发展提供种子保障。

依托项目研究成果,我们编写了下列丛书:

《河西地区杂交玉米种子生产技术手册》

《玉米种子加工与贮藏技术手册　上册·收获和干燥》

《玉米种子加工与贮藏技术手册　中册·包衣和包装》

《玉米种子加工与贮藏技术手册　下册·贮藏》

《玉米种子精选分级技术原理和操作指南》

《水稻高活力种子生产技术手册》

《棉花高活力种子生产技术手册》

《冬小麦高活力种子生产技术手册》

《水稻种子活力测定技术手册》

《小麦种子活力测定技术手册》

《棉花种子活力测定技术手册》

《玉米种子萌发顶土力生物传感快速测定技术手册》

《水稻种子活力氧传感快速测定技术手册》

《小麦种子活力计算机图像识别操作手册》

《种子形态特征图像识别操作手册》

《主要农作物种子数据库查询系统用户使用手册 V1.0》

本套丛书可供相关种子研究人员及农业技术人员和制种人员使用，成书仓促，疏漏之处在所难免，恳请读者批评指正！

编著者

2018 年 3 月

前　言

在作物生产中，种子作为最基本的生产资料，种子质量直接影响作物的产量与质量，种子活力（seed vigor）又是反映种子质量的重要指标。因此，测定种子活力，对种子活力进行评价并筛选出高活力种子，对于确保播种种子质量，节约播种费用，提高种子抵御不良环境的能力，增强种子对病虫杂草的竞争能力，提高实际田间出苗率，提高作物产量，增强种子的耐储藏性，具有重大的生产意义。

目前国内应用较多的作物种子活力测定方法仍然是幼苗生长速率测定。由于发芽测定消耗时间长，越来越不能满足竞争日益激烈的市场对快速准确掌握种子质量信息的需求。

为了更加全面和系统地了解种子活力测定的方法，掌握种子活力测定技术，我们收集国内外种子活力测定的相关资料，以及实践经验，结合实验室研究进展，选取试验相对简便易行、结果准确的测定方法编辑成《种子活力测定技术手册》。本手册共分 8 个分册，内容涉及种子活力常规测定方法、新技术在种子活力测定中的应用以及相关软件、数据库的操作和使用，作物包括水稻、小麦、玉米、棉花等。

各分册编写分工如下：

《水稻种子活力测定技术手册》 赵光武 唐启源 何龙生

《小麦种子活力测定技术手册》 孙 群

《棉花种子活力测定技术手册》 李润枝

《玉米种子萌发顶土力生物传感快速测定技术手册》 江绪文 王建华

《水稻种子活力氧传感快速测定技术手册》 赵光武

《小麦种子活力计算机图像识别操作手册》 孙 群

《种子形态特征图像识别操作手册》 孙 群 王建华

《主要农作物种子数据库查询系统用户使用手册 V1.0》 赵光武 王建华

此手册期望能为作物育种、种子生产人员提供参考。

由于时间紧促，加上编者水平有限，难免会有错误和疏漏之处，恳请读者批评指正。

编著者

2018 年 3 月

目　录

1 引言

种子萌发是一个复杂的生理过程,其中氧的消耗是关键。氧之所以成为种子萌发的必要条件,首先与种子萌发必须伴随旺盛的呼吸代谢有关。呼吸作用是种子本身的主要生理特性。凡是活的种子就会产生呼吸,即使处于非常干燥或休眠状态的种子,其呼吸作用也未停止。一旦呼吸停止,即意味着种子的死亡,种子的任何生命活动过程都与呼吸密切相关,因为呼吸提供了全部活动所需要的能量。在呼吸过程中,种子贮藏物质(主要是淀粉、蛋白质、脂肪)必须在有氧的条件下才能氧化分解,转化为合成代谢的中间物质和提供生理活动所需的能量。由此可见,呼吸作用是种子进行生命活动的主要标志和集中表现,呼吸作用的强弱直接关系到种子活力的高低。因此,检测种子萌发过程中的耗氧情况能更有效地反映种子的活力水平。

目前水稻种子活力测定方法仍以基于发芽试验的发芽速度测定为主。由于发芽测定耗时长,越来越不能满足竞争日益激烈的市场对快速准确掌握种子质量信息的需求。氧传感技术是集生物技术和信息技术于一体的现代高科技检测方法,通过测定种子萌发过程中的耗氧量来反映种子的质量状况,一般在种子萌发之前,即胚根从种皮伸出前即可结束测定,具有直接、快速、真实、可靠等特点,在种子质量检测的基础研究和商业应用中具有划时代意义。

2 基本原理

氧传感技术是荷兰 ASTEC Global 公司基于荧光猝灭原理开发的，通过测定种子萌发过程中的氧气消耗来鉴定种子的活力水平。如图 2-1 所示，氧传感检测仪首先向密闭试管（种子萌发容器）中释放蓝光，蓝光照到荧光物质上使其激发，并发出红光，而氧气分子可以带走红光能量（即猝灭效应）。随着氧气压力的增加，荧光强度和荧光脉冲的生命周期均会降低，所以激发红光的时间和强度与氧气分子的浓度成反比。荷兰 ASTEC Global 公司使用的荧光染料为金属有机染料，用荧光生命周期技术来测定荧光强度的衰减，通过光纤传感到计算机，从而测定氧气含量。计算公式为：

$$\tau = F([O_2]) = F(I/I_0)$$

其中，I、I_0 分别为萌发开始后和萌发开始前样品的荧光强度；τ 为荧光寿命；$[O_2]$为氧气浓度。

目前，荷兰 ASTEC Global 公司开发的氧传感仪有两种。一种是自动氧传感检测仪，可对种子萌发过程中的氧气浓度进行实时测定，适合中小粒种子的检测。另一种是手动氧传感检测仪，需要手动测量氧气浓度，适合大粒种子的检测。

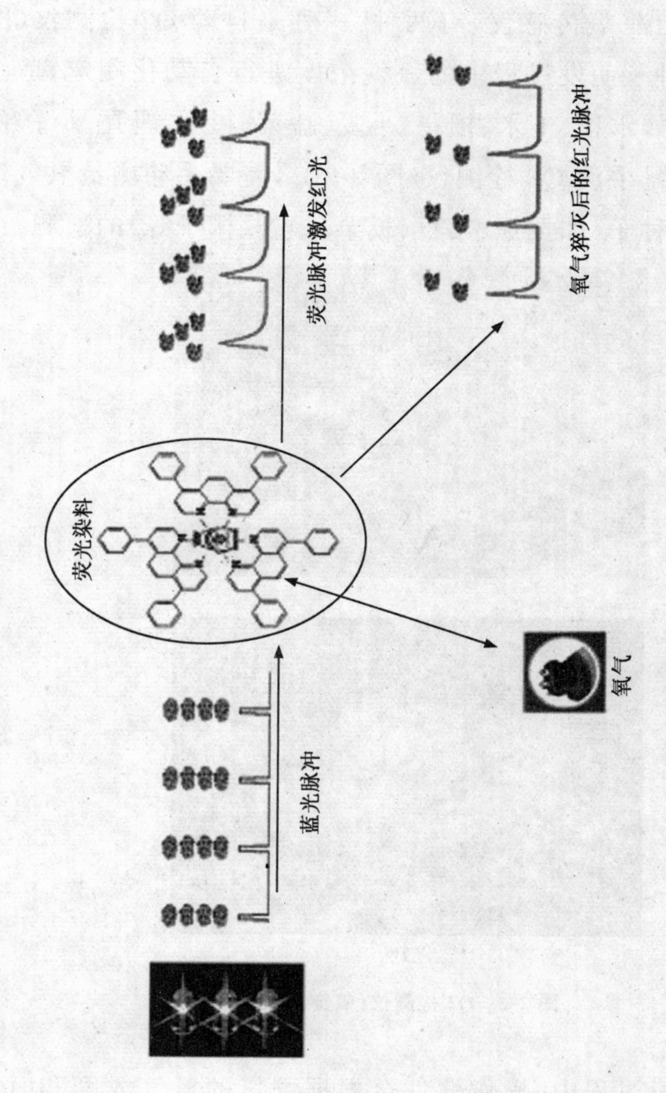

图 2-1 氧传感技术原理图（荷兰ASTEC Global公司提供）

Q2 检测仪(氧传感仪)有两种:一种是自动 Q2 检测仪(图 2-2A),可对种子萌发过程中的氧气浓度进行自动化测定,适合中小粒种子(如水稻、玉米、棉花、小麦、蔬菜、杉木、马尾松等)的检测;另一种是手动 Q2 检测仪(图 2-2B),需要手动测量氧气浓度,适合大粒种子(如蚕豆、芸豆、板栗、银杏、椰子等)的检测。

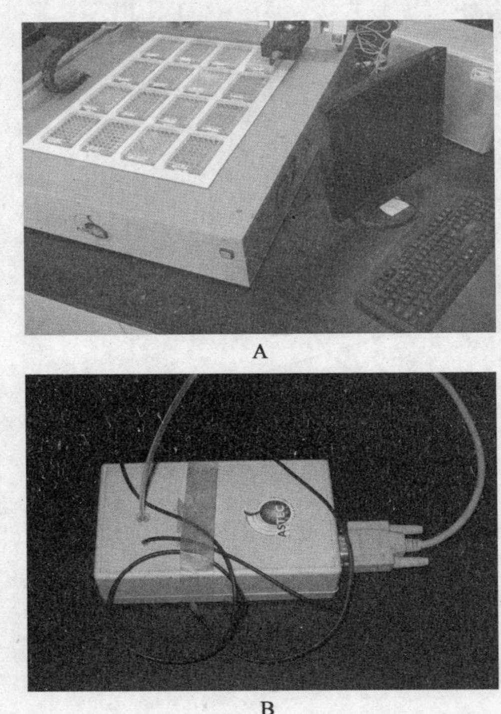

A

B

图 2-2　Q2 检测仪(氧传感仪)

氧气测量过程中,操作软件会根据测量的氧气浓度和时间自动绘制成耗氧曲线,每条曲线代表一粒种子萌发过程中的耗氧情况,打破休眠且活力较高的种子的耗氧曲线的形状一般呈反 S 形(图 2-3)。

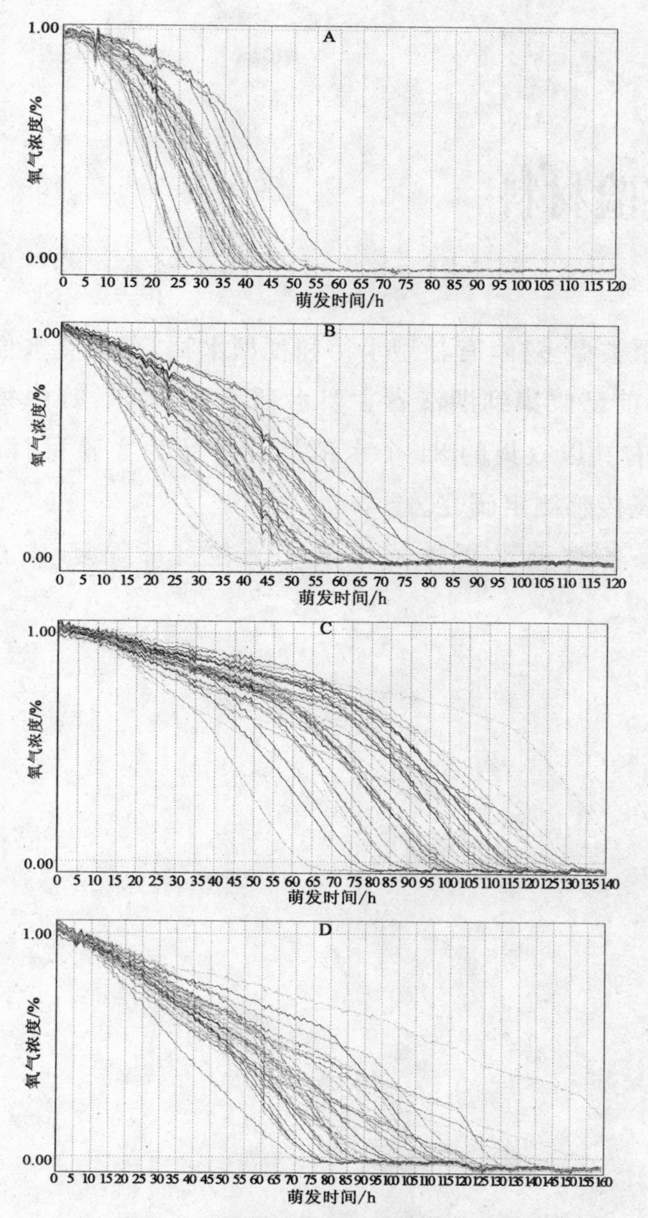

图 2-3 不同类型水稻种子的耗氧曲线

A. 杂交籼稻 B. 常规籼稻 C. 杂交粳稻 D. 常规粳稻

3 实验材料

水稻类型多样，有籼型水稻和粳型水稻，有杂交水稻和常规水稻，目前已收集到浙江省主要水稻品种 81 个，其中每种类型 20 个左右。以收集的 81 个水稻品种样品为实验材料，展开种子活力氧传感测定研究。

准备各类型水稻种子样品 192 粒。每重复 48 粒，四次重复。

4 实验方法

4.1 水稻种子活力氧传感测定程序

水稻类型多样,有籼型水稻和粳型水稻,有杂交水稻和常规水稻之分。根据水稻种子实际情况,研究筛选氧传感测定所用微孔盘的孔径大小、琼脂含量或加水量以及温度、测定时间等参数,并对这些参数进行优化,从而开发用于不同类型水稻种子活力测定的氧传感测定程序。

不同类型水稻种子活力的氧传感检测程序是不同的。杂交籼稻种子的氧传感检测需要 60 h,而常规籼稻种子的氧传感检测需要 90 h;杂交粳稻种子的氧传感检测需要 140 h,而常规粳稻种子的氧传感检测需要 160 h(见图 2-3)。可见,利用氧传感技术检测水稻种子的活力,杂交稻比常规稻快,籼稻比粳稻快。

自动 Q2 检测仪用于水稻种子的氧传感测定,启动程序后相关指标会自动由系统完成。选择 Q2 托板规格为 48 孔,每孔放试管一个。根据种子实际情况,确定测定水稻种子 Q2 管为 1.5 mL 试管。一个托板为一个重复,即 48 粒种子为一个重复,每个样品重复 4 次。每 30 min 自动测量一次,然后打开 Q2 检

测软件(图 4-1A、B),测定步骤如下:

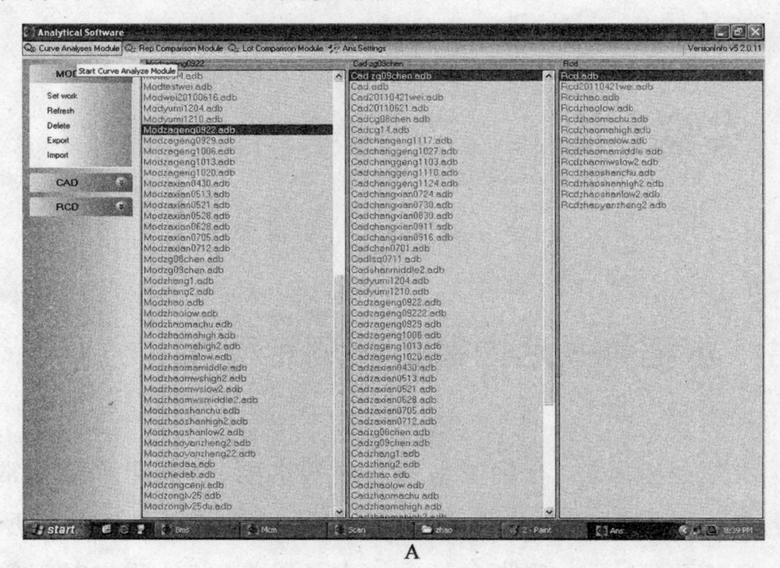

A

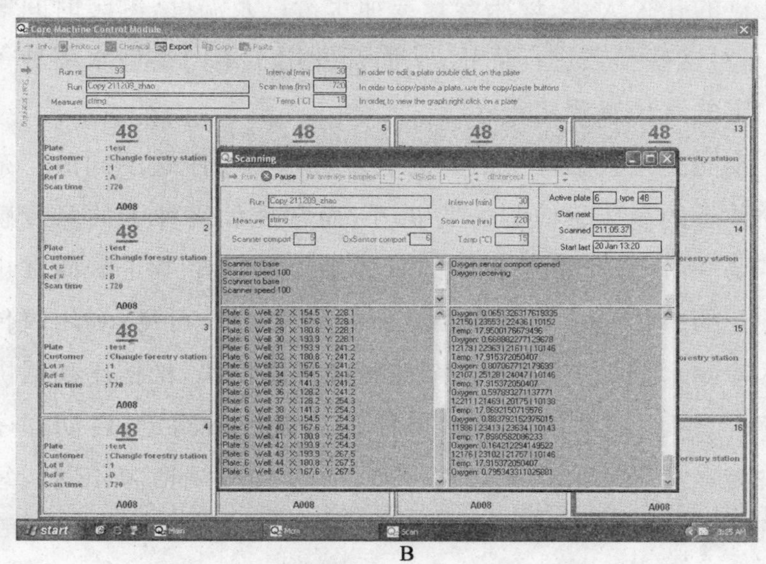

B

图 4-1　水稻种子氧传感测定程序界面

A. 新建程序文件　B. 运行测定程序

(1)称取琼脂 5.0 g,加入 1 000 mL 超纯水,配制 0.5%琼脂溶液,加热至全溶,每个塑料试管加入琼脂溶液 1 000 μL,待冷却凝固。

(2)种子经消毒粉剂拌种后,用镊子夹取种子,放入装有已凝固琼脂的 Q2 试管中,每个 Q2 试管中装一粒种子,在托板的边缘贴上标签,标注样品及重复。

(3)待种子全部放入 Q2 试管后,统一盖上盖子,最后将托板按样品及重复依次摆放在 Q2 测定仪上。此外,在 Q2 测定仪的 2 个对照孔区依次放置空白 Q2 试管(正对照)和 Na_2SO_3 过饱和溶液(负对照,需提前 1 d 配好)。

(4)打开 Q2 测定的运行程序(basic machine software, BMS),校正参数、创建新程序,对每个托板进行设置(包括运行时间、测定间隔时间、运行温度等信息,以及样品名称、重复编号等)。氧传感检测程序设置的详细步骤如下:

①校正:在当前窗口选择"Settings"菜单,该菜单中有 2 个下拉菜单。首先选择"Mcm Settings",在"Temperature"选项中选择"Celcius"(即摄氏温度),在"Comports"选项中将 Scanner 参数值设为 5、将 OxSensor 参数值设为 6。继续选择下拉菜单"System",对原点孔(即氧传感仪荧光光源点所在的起始位置)、负对照孔(氧气浓度为 0)、正对照孔(氧气浓度为 1)以及 48 孔盘的位置参数进行设置。如原点孔的 4 个参数值 Org pos first plate X、Org pos first plate Y、Offset plates X、Offset plates Y

分别设为4、－16.5、110、150；负对照孔的3个参数值Position first X、Position first Y、Offset Y分别设为0、57、0；正对照孔的3个参数值Position first X、Position first Y、Offset Y分别设为0、77、0；48孔盘的6个位置参数Nr Holes X、Nr Holes Y、Position first hole X、Position first hole Y、Offset holes X、Offset holes Y分别设为6、8、17.2、42、13.14、13.14。

②回到BMS窗口，选择"Machine Control Module (MCM)"菜单，新建Mod文件，如"ModZhao"，点击"Create"，然后点击"MCM"菜单进入"MCM Run maintenance"界面设置，点"add"，然后键入：Name of run，如"rice"或"China fir"；Measurer，如"Zhao"；Test location，如"Lin'an"；Interval in minutes，如"30"或"60"；Temp at start(℃)，如"25"。点"Save"，然后点"√"进入"Plate maintenance"设置界面。

③新建Protocol，然后对各参数进行一一设置。如"Plate type"设为"48"，"Nr to scan"设为"48"，"Water per well(μL)"设为"0.00"，"Filters"填写为"0.5% agar"，"Means time(hrs)"设为"120"，"Means volume(μL)"设为"800"，"Test temp(℃)"设为"25"，"Description"填写为"China fir"，"Company name"填写为"ASTEC"，"Lot #"填写为"Lot 1"，"Rep"选"A"，"Chemicals"、"Chemicals in mg/g"等信息一般不用填写，如用到种子处理的药剂才需填写。最后在"added at"时间选项中选择"Now"，点"Save"，然后点"√"。其他48孔盘的设置可直接

点击“copy”和“paste”拷贝并做相应的改动即可。

④最后点击 MCM 界面左侧的“Start Scanning”命令，出现“Scanning”界面，点“Run”命令，氧传感仪开始自动运行，并实时(间隔时间 30 min)测定每一个密闭试管中的氧气含量。此外，种子氧传感测定所需温度参考标准发芽试验中的温度规定进行设置。光照虽对种子萌动有影响，建议最好在黑暗条件下进行检测。

(5)测定结束后，计算机软件根据实测数据计算氧气浓度的相对值(种子管氧气浓度/空管氧气浓度)，然后自动生成耗氧曲线。

(6)最后在获得密闭试管中实测氧气浓度的相对值的基础上应用 Q2 数据分析软件计算 4 个氧代谢值：萌发启动时间(IMT)、氧气消耗速率(OMR)、临界氧气压强(COP)、理论萌发时间(RGT)。氧传感数据分析程序执行的详细步骤如下：

①打开 Q2 数据分析程序(Analytical Software，ANS)，新建 Cad 文件，该文件必须与 BMS 程序中的 Mod 名一致，本例中应为“CadZhao”。

②同时显示 Zhao 的 Mod 和 Cad 文件后，点击 ANS 界面的“Curve Analyses Module”菜单，进入曲线分析模块，选择第 1 盘 48 孔数据，点击“Fit It”菜单，进入“Plate curve fitting”界面，确保“Running Average”参数值为 3，否则需要重新设置。

③在“Plate curve fitting”界面中点击“Fit All”菜单对第 1

盘48孔中每粒种子的耗氧曲线进行判定(一般选“Not Judged”选项),然后点“Save”,获得48粒种子的平均耗氧曲线。如此反复,对剩余2～16个盘中的种子的耗氧曲线进行分析判定。

④返回ANS数据分析界面,点击“Rep Comparison Module”菜单,进入“重复间比较模块”界面,选中同一处理的全部3～4次重复,然后点击“Next”直至获得所有氧代谢值,最后保存为Excel文件。

4.2 水稻种子氧传感测定活力指标计算方法

根据耗氧曲线的特征,我们可以设定不同的氧代谢值,如荷兰ASTEC Global公司设定了不同的氧代谢值,包括萌发启动时间(IMT)、氧气消耗速率(OMR)、临界氧气压强(COP)、理论萌发时间(RGT)、理论萌发率(RGR)等(图4-2A、B)。IMT表示氧气消耗速率从初始的缓慢速度开始迅速增加所需要的时间;OMR是种子胚根突破种皮后到受低氧胁迫氧气消耗速率变慢之间的呼吸速率;COP反映呼吸速率开始减速时的氧气浓度,它反映了种子耐低氧胁迫的能力;RGT和RGR分别为非低氧胁迫条件下的理论萌发时间和萌发率。研究结果表明,种子活力越高,OMR和RGR值越高,IMT、COP和RGT值越低。因此,我们用以上5个指标来判断水稻种子活力的高低。

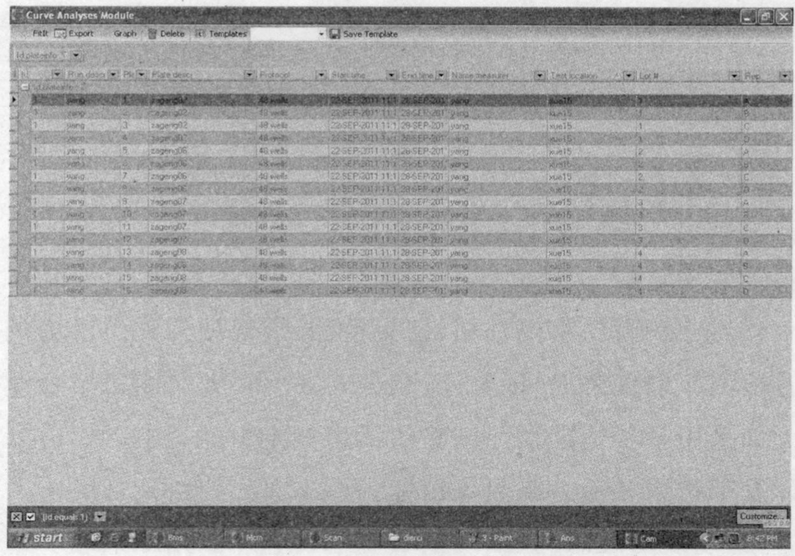

A

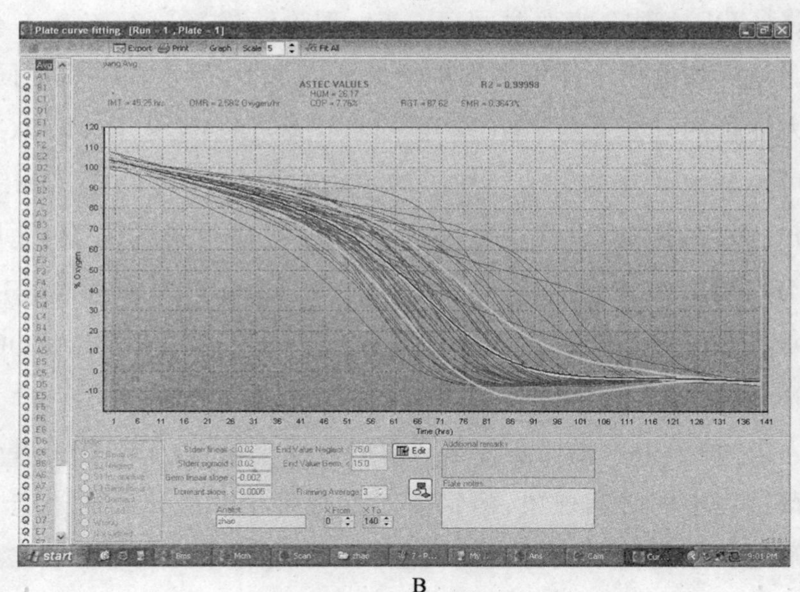

B

图 4-2　水稻种子氧传感测定程序与分析界面

A. 数据分析文件　B. 数据分析结果

5 主要结论

(1)杂交籼稻、常规籼稻、杂交粳稻、常规粳稻种子活力的氧传感检测分别仅需 60 h、90 h、140 h、160 h,大大缩短了检测时间。如采用基于标准发芽试验的活力测定方法,则需要 14 d 后统计发芽指数和活力指数等指标。

(2)萌发启动时间(IMT)、氧气消耗速率(OMR)、临界氧气压强(COP)、理论萌发时间(RGT)、理论萌发率(RGR)等 5 个代谢指标均能用于评价水稻种子的活力水平,但水稻类型不同,活力评价的理想指标存在差异。IMT、OMR、COP、RGT、RGR 均可较好地区分常规籼稻种子的活力,尤以 RGR 最佳;OMR、COP、RGT、RGR 均可较好地区分常规粳稻种子的活力,尤以 OMR 最佳;COP 可较好地区分杂交籼稻种子的活力;OMR、COP、RGR 均可较好地区分杂交粳稻种子的活力,尤以 COP、RGR 最佳。

(3)种子引发是提高种子活力的重要手段,种子老化是种子贮藏过程中的必然现象,但目前对处理种子和老化种子进行快速筛选和监测仍以发芽检测为主,检测时间过长。应用氧传感技术可以实现对处理水稻种子进行快速筛选和对老化种子进行快速监测。种子不需要完成整个氧传感检测过程,仅需要分析曲线下降的快慢即可结束。因此,氧传感技术应用于水稻种子处理方法的快速筛选和贮藏过程中种子活力的监测是切实可行的。

(4)氧传感技术作为一种快速自动化测定种子活力的新技术,已经成功应用于多种植物类型的种子活力水平测定中,但在对不同类型水稻种子进行活力测定还存在着一定的复杂性和不确定性(籼粳杂交类型还需深入探讨)。目前的研究结果表明氧传感技术确实能够快速方便地检测种子的活力水平差异,但是针对不同类型不同处理的水稻种子活力测定的最佳氧传感指标还需要进一步的探索,以期为水稻种子质量的监测提供可信的理论依据。而且,对于其他类型水稻,一些氧传感测定指标虽与种子发芽力和田间出苗率之间呈显著相关,但决定系数并不高,不适合对其田间出苗率进行预测。因此,需要进一步加大不同类型水稻的品种数量,进行多次重复验证。

6 附录一:适合不同类型水稻种子活力的氧传感测定方法研究

以收集的浙江省 80 份水稻品种样品种子为实验材料,开展水稻种子活力氧传感测定方法研究。水稻品种/组合类型包括常规籼稻、常规粳稻、杂交籼稻、杂交粳稻(含个别籼粳杂交稻)。

6.1 水稻种子活力常规方法测定结果分析

采用传统活力测定方法(室内发芽能力和田间出苗能力)对 4 种类型水稻品种种子的活力状况进行检测,以作为氧传感检测方法的对照。结果表明:品种不同其活力存在显著差异。常规籼稻品种中,室内发芽能力和田间出苗能力显著强的品种有浙 906、浙 801、浙 106、浙 903、辐 501 等,显著弱的品种有嘉育 280、浙农 34、金早 09、甬籼 69、浙 101 等。常规粳稻品种中,室内发芽能力和田间出苗能力显著强的品种有秀水 123、HZ0903、绍糯 9714、秀水 128、台 09-18 等,显著弱的品种有秀水 09、ZH09-37、嘉 991、HZ0916、丙 09-03 等。

杂交籼稻品种中,室内发芽能力和田间出苗能力显著强的品种有内5优8015、株两优609、新两优6号、C两优87、丰两优1号等,显著弱的品种有协优413、浙辐两优12、籼优64、中浙优8号、株两优06等。杂交粳稻品种中,室内发芽能力和田间出苗能力显著强的品种有浙优905、浙优12、浙优917、8优8号、浙优906等,显著弱的品种有申优1号、嘉优1号、甬优10号、甬优13、甬优1号等。

6.1.1 室内发芽测定

由表6-1方差分析可知,常规籼稻品种不同其种子室内发芽能力存在显著差异。从发芽率来看,显著高的品种有辐296、辐501、舟903、浙906、浙801、浙408、浙106等,显著低的品种有甬籼15、中早39、浙农34、嘉育280、金早09、金早47、嘉育293等。从发芽势来看,显著高的品种有浙106、浙801、浙906、辐501、浙903、浙207、中早39等,显著低的品种有嘉育293、浙101、金早09、金早47、浙农34、甬籼15等。从发芽指数来看,显著高的品种有浙906、浙801、浙106、浙806、浙903、金早47等,显著低的品种有中早39、嘉育280、舟903、中组14、浙101、浙农34等。综合以上结果,常规籼稻室内发芽能力显著高的品种有浙906、浙801、浙106、辐501、浙903等,显著低的品种有浙101、嘉育293、浙农34、金早09、甬籼15等。

表 6-1 常规籼稻品种种子室内和田间发芽能力比较

品种	发芽率/%	发芽势/%	发芽指数	出苗率/%	苗高/cm
甬籼 15	85.0±2.5C	71.8±1.9DEFGH	23.2±0.4CDEF	66.5±5.4CDEFG	31.0±1.6ABC
中早 39	86.8±2.1C	83.5±1.3ABC	19.1±0.7HI	65.8±4.0CDEFGH	28.0±1.6ABC
浙农 34	85.3±3.7C	71.0±3.9EFGH	20.1±0.8FGHI	57.9±2.9GHI	26.0±2.3C
嘉育 280	89.3±1.7C	78.3±2.2BCDEFG	18.7±0.3I	50.0±5.0I	26.3±1.5BC
甬籼 69	91.5±3.3BC	79.3±5.1ABCDEF	21.3±1.3DEFGHI	52.3±3.2HI	29.9±2.0ABC
金早 09	85.5±4.5C	70.0±3.7FGH	21.5±0.9DEFGHI	59.5±5.9FGHI	27.1±2.7BC
金早 47	85.8±2.9C	71.5±5.1DEFGH	24.4±1.0BCD	75.5±3.8ABCDE	30.2±1.8ABC
浙 101	85.8±4.3C	69.0±2.8GH	20.0±0.7FGHI	62.0±6.0EFGHI	31.2±1.0AB
浙 106	93.8±3.2ABC	87.0±5.3A	25.3±1.0ABC	77.4±4.0ABC	30.9±1.8ABC
浙 207	91.8±4.0BC	82.0±4.2ABC	22.4±1.1CDEFGH	63.9±2.8DEFGHI	30.5±2.8ABC
浙 408	92.8±3.1ABC	75.0±4.6CDEFGH	23.0±1.6CDEFG	72.1±3.9BCDEF	29.5±1.4ABC
浙 801	93.3±5.0ABC	87.0±4.9A	26.5±1.6AB	81.6±6.5AB	32.7±1.9A
浙 806	91.8±2.4BC	81.0±1.9ABCD	24.1±0.2BCD	68.0±3.5CDEFG	28.2±1.8ABC
浙 903	94.0±3.3ABC	83.5±4.9ABC	23.6±2.2BCDE	77.0±8.0ABCD	30.9±2.3ABC
浙 906	94.0±1.0ABC	87.0±1.0AB	27.9±0.1A	84.5±5.4A	31.4±2.1AB
舟 903	92.0±5.5ABC	74.3±2.5CDEFGH	19.8±0.8GHI	68.4±3.6CDEFG	29.1±1.9ABC
嘉育 293	85.5±6.2C	66.5±5.8H	21.6±3.8DEFGHI	76.6±6.1ABCD	28.4±1.0ABC
辐 501	98.0±0.6AB	83.3±0.8ABC	21.9±0.6DEFGHI	70.3±5.5BCDEFG	28.8±2.0ABC
辐 296	98.5±0.8A	80.8±1.5ABCDE	21.8±0.8DEFGHI	68.8±7.3CDEFG	29.7±2.2ABC
中组 14	91.0±2.0C	79.0±1.5ABCDEFG	20.6±0.5EFGHI	68.3±4.5CDEFG	29.5±2.4ABC

注：表中同列数据后不同大写字母表示差异极显著($P<0.01$)。

由表 6-2 方差分析可知,常规粳稻品种不同其种子室内发芽能力存在显著差异。从发芽率来看,显著高的品种有秀水 123、秀水 128、R102、嘉花 1 号、秀水 114、HZ0903、绍糯 9714 等,显著低的品种有嘉 991、嘉 33、HZ1010、丙 09-03、台 09-18、丙 09-24、HZ0916 等。从发芽势来看,显著高的品种有秀水 123、嘉花 1 号、HZ0903、绍糯 9714、秀水 128 等,显著低的品种有 HZ0916、ZH09-37、丙 09-03、秀水 09、HZ1010 等。从发芽指数来看,显著高的品种有 HZ0903、绍糯 9714、秀水 128、嘉花 1 号等,显著低的品种有嘉 991、秀水 09、丙 09-03、ZH09-37 等。综合以上结果,常规粳稻室内发芽能力显著高的品种有秀水 123、秀水 128、HZ0903、绍糯 9714、HZ0903 等,显著低的品种有 HZ0916、丙 09-03、ZH09-37、HZ1010、秀水 09 等。

表 6-2 常规粳稻品种种子室内和田间发芽能力比较

品种	发芽率/%	发芽势/%	发芽指数	出苗率/%	苗高/cm
HZ0916	85.2±5.4B	8.5±3.1I	12.8±0.7FGHI	46.3±5.1DEFG	22.9±3.0AB
R102	93.8±2.5AB	35.0±2.9EF	12.8±1.5FGHI	42.8±6.0DEFGHI	26.6±2.6A
丙 09-24	85.5±4.8B	29.3±4.6FG	12.6±0.8FGHIJ	45.5±3.2DEFGH	23.6±2.3AB
ZH09-37	86.0±7.1B	8.5±4.4I	11.0±1.1IJ	36.7±6.3GHI	22.8±2.1AB
绍粳 09-65	87.5±3.9AB	43.3±6.0CDE	14.3±0.3DEFG	40.0±4.3EFGHI	23.6±1.4AB
嘉 09-35	86.0±5.0B	39.8±4.8DEF	13.8±0.9EFGH	48.5±5.4DEFG	26.4±2.9A
甬粳 09-83	86.8±7.4B	28.8±8.0FG	12.0±1.5GHIJ	38.8±7.6FGHI	25.7±3.1A
台 09-18	85.0±8.7B	36.3±5.3EF	13.2±1.7FGHI	68.8±5.9AB	25.5±2.6A
HZ0903	90.0±3.6AB	57.8±1.5AB	18.9±0.7A	73.5±8.6A	26.6±2.5A
丙 09-03	85.8±7.5B	10.8±1.9HI	11.1±1.2IJ	52.3±2.8CDEF	22.6±2.2AB
秀水 09	89.8±4.0AB	15.5±3.1HI	10.7±0.8IJ	30.0±3.9I	22.6±1.9AB
HZ1010	85.8±7.7B	12.8±1.9HI	13.2±1.0FGHI	56.3±6.6BCD	22.9±2.1AB
宁 81	86.0±4.1B	42.0±4.2CDE	11.4±1.0HIJ	45.0±4.7DEFGH	25.9±2.0A
嘉 991	85.0±7.3B	23.5±7.3GH	10.1±1.7J	31.5±4.5HI	18.9±2.7B
秀水 123	98.0±1.4A	69.8±5.9A	16.3±0.4BCDE	68.3±6.4AB	23.4±3.6AB
嘉花 1 号	92.0±4.6AB	60.3±6.2AB	16.7±1.1ABCD	44.0±4.1DEFGHI	24.2±2.0AB
绍糯 9714	90.0±2.9AB	53.8±3.1BC	18.2±0.4AB	72.3±5.6A	27.7±2.2A
秀水 128	95.0±5.0AB	61.5±1.3AB	17.2±0.9ABC	64.3±6.7ABC	22.7±1.8AB
嘉 33	85.5±3.6B	51.5±6.1BCD	15.2±1.1CDEF	54.5±5.5CDE	24.2±1.6AB
秀水 114	90.0±2.7AB	42.8±4.0CDE	14.3±0.6DEFG	42.5±3.7DEFGHI	25.0±2.5AB

注:表中同列数据后不同大写字母表示差异极显著($P<0.01$)。

由表6-3的方差分析可看出,杂交籼稻品种中,种子发芽率较高的是钱优0506、株两优609、Ⅱ优7954、内5优8015、Y两优689、新两优6号、C两优87、Ⅱ优1259、两优培九、丰两优1号、协优982等,较低的是浙辐两优12、协优413、中浙优8号、籼优64等;发芽势较高的是钱优0506、株两优609、Ⅱ优7954、内5优8015、Y两优689、钱优1号、新两优6号、C两优87、Ⅱ优1259、两优培九、丰两优1号、协优982等,较低的是株两优06、浙辐两优12、中优205、协优413、中浙优8号、丰两优香1号、籼优64等;发芽指数与发芽势结果基本一致,较高的是钱优0506、株两优609、Ⅱ优7954、内5优8015、Y两优689、新两优6号、C两优87、Ⅱ优1259、两优培九、丰两优1号、协优982等,较低的仍是浙辐两优12、中优205、协优413、中浙优8号、丰两优香1号等。综合各项发芽指标得出,室内发芽能力较强的杂交籼稻品种是钱优0506、株两优609、Ⅱ优7954、内5优8015、Y两优689、新两优6号、C两优87、Ⅱ优1259、两优培九、丰两优1号、协优982等,较弱的是浙辐两优12、协优413、中浙优8号等。

表 6-3　杂交籼稻品种种子室内和田间发芽能力比较

品种	发芽率/%	发芽势/%	发芽指数	出苗率/%	苗高/cm
钱优 0506	84.8±6.7ABCD	81.5±3.7ABCD	22.3±1.6AB	48.8±1.3DEFGH	26.2±1.8B
株两优 06	75.5±4.7DEF	71.3±3.4BCDEFG	19.9±0.8BCDE	47.0±6.0EFGH	27.6±0.4AB
株两优 609	86.5±4.1ABC	79.3±5.9ABCDE	22.8±1.3AB	67.3±17.3AB	30.8±2.8AB
Ⅱ优 7954	85.5±5.7ABCD	81.8±5.0ABCD	22.5±1.2AB	39.3±3.8H	28.8±3.8AB
内 5 优 8015	89.8±4.7A	85.3±6.2AB	23.7±1.7A	68.3±1.8A	33.2±1.2A
浙辐两优 12	72.5±1.9EFG	64.3±1.7FG	17.0±0.9EFG	40.0±3.0GH	29.9±1.1AB
Y 两优 689	89.5±1.7AB	84.0±2.9ABC	21.9±0.8ABC	53.5±3.5CDEF	26.4±2.4B
钱优 1 号	79.5±1.7BCDEF	77.3±3.9ABCDEF	20.5±1.0BCD	45.0±4.0FGH	29.4±3.4AB
中优 205	79.8±3.3BCDEF	70.3±5.6CDEFG	19.1±0.9CDEFG	50.3±3.8CDEFGH	30.2±2.2AB
中优 208	77.5±1.3CDEF	73.5±1.9BCDEF	20.0±0.5BCD	45.3±1.3FGH	30.7±3.7AB
新两优 6 号	91.3±3.5A	89.3±3.3A	23.8±1.3A	57.5±3.5BCDE	27.2±1.0AB
协优 413	60.5±5.2G	58.0±4.2G	16.2±1.3G	42.3±5.8FGH	31.0±3.0AB
C 两优 87	86.8±3.4ABC	83.3±4.0ABC	20.9±0.7ABCD	60.8±5.3ABC	26.5±2.5B
中浙优 8 号	71.3±8.4FG	65.3±11.1FG	16.7±2.3FG	51.0±6.0CDEFG	28.4±2.4AB
Ⅱ优 1259	85.0±6.7ABCD	80.8±7.5ABCD	21.5±1.8ABCD	47.5±2.5EFGH	29.6±0.6AB
两优培九	85.0±1.4ABCD	81.5±2.1ABCD	21.2±0.4ABCD	46.3±6.3FGH	27.4±2.6AB
丰两优 1 号	86.3±5.9ABC	84.5±6.8AB	22.0±2.0ABC	53.3±4.8CDEF	29.3±1.7AB
丰两优香 1 号	78.5±9.9CDEF	68.5±18.5DEFG	18.8±3.4DEFG	58.8±1.8ABCD	26.9±3.9AB
籼优 64	71.0±2.2FG	66.0±3.8EFG	19.2±1.2CDEF	45.5±5.5FGH	28.0±4.0AB
协优 982	83.0±5.3ABCDE	80.3±4.8ABCD	21.7±1.1ABCD	41.8±3.8GH	26.4±1.4B

注：表中同列数据后不同大写字母表示差异极显著（$P<0.01$）。

由表 6-4 的方差分析可看出,杂交粳稻品种中,种子发芽率较高的是 8 优 8 号、浙优 12、宁优 327、嘉乐优 2 号、春优 172、浙优 905、浙优 906、浙优 917、浙优 929,较低的是申优 1 号;发芽势较高的是 8 优 8 号、浙优 12、秀优 7515、宁优 327、嘉优 2 号、浙优 905,较低的是甬优 10 号、申优 1 号、嘉优 1 号等;发芽指数较高的是 8 优 8 号、浙优 12、宁优 327、嘉优 2 号、浙优 905,较低的是申优 1 号、嘉优 1 号、甬优 10 号等。综合各项发芽指标得出,室内发芽力较强的杂交粳稻品种是 8 优 8 号、浙优 12、宁优 327、嘉优 2 号、浙优 905 等,较弱的是申优 1 号、甬优 10 号、嘉优 1 号等。

6.1.2 田间出苗测定

由表 6-1 方差分析可知,常规籼稻品种不同,其种子田间出苗能力存在显著差异。从出苗率来看,显著高的品种有浙 906、浙 801、浙 106、金早 47、浙 903、嘉育 293 等,显著低的品种有嘉育 280、甬籼 69、浙农 34、金早 09 等。从苗高来看,显著高的品种有浙 801、浙 906、浙 101、金早 47、浙 106、浙 207 等,显著低的品种有浙农 34、嘉育 280、金早 09 等。综合以上结果,常规籼稻田间出苗能力显著高的品种有浙 906、浙 801、浙 106、浙 903、金早 47 等,显著低的品种有嘉育 280、甬籼 69、浙农 34、金早 09、浙 101 等。

表 6-4　杂交粳稻品种种子室内和田间发芽能力比较

品种	发芽率/%	发芽势/%	发芽指数	出苗率/%	苗高/cm
8优8号	93.0±1.8ABC	77.3±2.9AB	20.6±0.9AB	62.0±2.0CD	26.5±1.5AB
浙优12	94.8±3.5A	80.3±4.5AB	20.7±0.5A	69.0±6.0BC	26.7±1.4AB
秀优7515	87.3±3.6BC	72.5±8.4ABC	18.5±1.4BCDE	47.0±3.0EF	24.0±4.0AB
嘉优09-2	74.8±6.2D	60.5±9.5DEF	16.1±1.7FG	35.3±5.3HI	24.7±1.1AB
宁优327	87.8±4.7ABC	73.0±5.6ABC	18.8±1.3ABCD	38.0±4.0GHI	24.6±2.3AB
甬优1号	59.0±7.5EF	25.8±4.5H	10.5±1.3I	24.3±1.3IJ	22.9±1.9BC
甬优8号	72.8±2.4D	35.8±1.7GH	13.4±0.6H	41.0±6.5FGHI	24.5±0.4AB
甬优10号	33.8±1.0G	6.5±2.4I	4.8±0.5J	16.5±4.5J	23.1±2.0BC
甬优13	56.8±6.5F	28.5±4.0H	10.5±0.9I	17.5±1.0J	23.3±4.3B
嘉乐优2号	92.0±5.3ABC	69.5±3.0BCD	18.1±0.9CDEF	46.5±3.5EFG	24.1±0.9AB
嘉优2号	85.0±5.6C	78.8±7.5AB	20.4±1.4AB	44.3±3.3EFGH	26.5±1.6AB
秀优5号	70.0±5.9DE	53.3±3.3F	15.1±1.1GH	31.3±6.7HI	23.6±4.4AB
春优172	87.5±6.5ABC	42.3±8.8G	15.0±1.4GH	36.0±3.1HI	25.9±3.1AB
春优658	64.3±2.5DEF	34.8±7.1GH	11.2±0.8I	53.3±1.7DE	26.8±1.2AB
申优1号	5.3±3.2I	0.3±0.5I	0.5±0.3K	13.0±1.0J	16.9±2.2C
嘉优1号	22.3±3.8H	3.3±1.5I	3.1±0.5J	16.0±2.5J	22.5±2.5BC
浙优905	94.0±2.2AB	80.8±4.8A	20.0±0.8ABC	75.8±4.2AB	29.2±3.9AB
浙优906	91.8±4.1ABC	64.5±3.9CDE	17.9±1.0CDEF	70.5±8.5ABC	27.1±4.1AB
浙优917	89.0±2.2ABC	54.0±2.9EF	16.5±0.6EFG	79.8±4.8A	30.5±3.0A
浙优929	88.0±4.8ABC	56.3±5.6EF	17.3±1.1DEF	71.3±4.3ABC	28.5±1.8AB

注：表中同列数据后不同大写字母表示差异极显著（$P<0.01$）。

由表 6-2 方差分析可知,常规粳稻品种不同,其种子田间出苗能力存在显著差异。从出苗率来看,显著高的品种有 HZ0903、绍糯 9714、秀水 123、台 09-18、秀水 128 等,显著低的品种有秀水 09、嘉 991、ZH09-37、甬粳 09-83 等。从苗高来看,显著高的品种有绍糯 9714、R102、嘉 09-35、甬粳 09-83、台 09-18 等,显著低的品种有 HZ0916、ZH09-37、丙 09-03、秀水 09、嘉 991 等。综合以上结果,常规粳稻田间出苗能力显著高的品种有 HZ0903、绍糯 9714、台 09-18、秀水 123、秀水 128 等,显著低的品种有嘉 991、秀水 09、ZH09-37、绍粳 09-65、甬粳 09-83 等。

由表 6-3 方差分析可知,杂交籼稻品种不同,其种子田间出苗能力存在显著差异。从出苗率来看,显著高的品种有内 5 优 8015、株两优 609、C 两优 87、丰两优香 1 号、新两优 6 号等,显著低的品种有Ⅱ优 7954、浙辐两优 12、协优 982、协优 413、钱优 1 号等。从苗高来看,显著高的品种内 5 优 8015、协优 413、株两优 609、中优 208、中优 205 等,显著低的品种有钱优 0506、协优 982、Y 两优 689、C 两优 87、丰两优香 1 号等。综合以上结果,杂交籼稻田间出苗能力显著高的品种有内 5 优 8015、株两优 609、C 两优 87、丰两优香 1 号、新两优 6 号等,显著低的品种有Ⅱ优 7954、协优 982、浙辐两优 12、协优 413、籼优 64 等。

由表 6-4 方差分析可知,杂交粳稻品种不同,其种子田间出苗能力存在显著差异。从出苗率来看,显著高的品种有浙优 917、浙优 905、浙优 929、浙优 906、浙优 12 等,显著低的品种有申优 1 号、嘉优 1 号、甬优 10 号、甬优 13、甬优 1 号等。从苗高来看，显著高的品种浙优917、浙优905、浙优929、浙优906、春优658等，显著低的品种有申优1号、嘉优1号、甬优1号、甬优10号、甬优13等。综合以上结果，杂交粳稻田间出苗能力显著高的品种有浙优917、浙优905、浙优929、浙优906、浙优12等，显著低的品种有申优1号、嘉优1号、甬优10号、甬优13、甬优1号等。

6.2 氧传感指标测定及其与活力的相关性分析

6.2.1 常规籼稻种子氧传感指标测定与分析

由表6-5方差分析可知，常规籼稻品种不同，其种子的氧代谢能力存在显著差异。从IMT值来看，显著低的品种有浙806、浙903、浙906、金早09、金早47等，显著高的品种有甬籼15、中早39、嘉育280、辐501、甬籼69等。从COP值来看，显著低的品种有浙906、嘉育293、辐296、浙106、辐501等，显著高的品种有浙农34、浙101、嘉育280、金早47、浙207等。从RGT值来看，显著低的品种有浙903、浙906、浙806、浙801、中早39等，显著高的品种有浙101、辐501、浙207、辐296、甬籼15等。从OMR值来看，显著高的品种有浙906、浙801、浙903、浙农34、浙806等，显著低的品种有嘉育280、中早39、浙408、甬籼69、甬籼15等。从RGR值来看，显著高的品种有浙906、浙801、浙806、辐296、浙408等，显著低的品种有嘉育280、中早39、浙农34、甬籼15、甬籼69等。

表 6-5 20 个常规籼稻品种种子氧传感检测指标比较

品种	IMT/h	OMR/(%/h)	COP/%	RGT/h	RGR/%
甬籼 15	41.3±1.6A	2.3±0.2DEFG	8.7±1.8AB	70.2±1.5BCD	93.5±1.5EF
中早 39	37.8±0.3A	2.2±0.1FG	8.1±1.0AB	63.5±1.6DE	93.0±1.3EF
浙农 34	27.2±2.0BCD	2.7±0.1ABC	11.4±3.5A	69.5±2.3BCD	93.3±0.8EF
嘉育 280	31.3±0.7B	2.1±0.1G	11.1±3.7A	68.8±6.8CD	92.0±1.8F
甬籼 69	28.8±2.0BC	2.3±0.2EFG	9.3±2.3AB	65.2±2.5DE	93.7±1.3DEF
金早 09	19.9±3.9EF	2.5±0.2BCDEF	8.1±1.9AB	69.4±3.8BCD	95.0±1.0BCDEF
金早 47	21.7±2.4EF	2.4±0.1BCDEF	10.6±3.8A	66.1±2.1CDE	96.8±0.5BCDE
浙 101	23.0±2.5DEF	2.5±0.2BCDEF	11.2±1.7A	80.0±5.0A	94.8±1.0CDEF
浙 106	22.9±1.3DEF	2.4±0.1BCDEF	8.0±1.8AB	68.8±3.3CD	97.0±1.4BCDE
浙 207	23.0±2.6DEF	2.6±0.1ABCDE	10.4±0.8A	76.8±3.4AB	96.5±1.3BCDE
浙 408	22.1±2.5DEF	2.3±0.1EFG	8.5±2.2AB	68.6±2.9CD	97.5±1.7BCD
浙 801	22.1±1.9DEF	2.9±0.1A	9.8±0.6AB	59.9±3.7EF	98.3±1.2AB
浙 806	18.0±1.5F	2.7±0.1ABCD	8.9±0.8AB	55.8±0.2F	98.0±1.5ABC
浙 903	18.6±1.8F	2.7±0.2AB	9.8±0.6AB	54.4±2.9F	97.0±1.0BCDE
浙 906	19.2±2.0F	2.9±0.2A	5.7±1.1B	54.5±2.1F	99.5±0.5A
舟 903	22.6±1.5DEF	2.4±0.1CDEFG	8.1±1.1AB	65.7±3.9CDE	95.3±1.5BCDEF
嘉育 293	23.2±1.8DEF	2.4±0.1DEFG	7.5±0.7AB	67.8±1.3CD	95.5±2.0BCDEF
辐 501	30.2±3.6B	2.4±0.1BCDEF	8.1±0.9AB	79.9±3.5A	96.5±1.8BCDE
辐 296	24.8±1.8CDE	2.4±0.1CDEFG	8.0±0.4AB	73.4±1.4ABC	97.5±1.6BCD
中组 14	25.0±1.1CDE	2.5±0.1BCDEF	9.0±0.5AB	67.0±2.1CDE	96.0±1.0BCDEF

注:表中同列数据后不同大写字母表示差异极显著($P<0.01$)。

20 个常规籼稻品种种子氧传感检测指标和室内发芽指标、田间出苗指标间的相关分析结果表明(表 6-6),IMT(萌发启动时间)与发芽测定指标间呈负相关,但相关关系不显著;OMR(氧气消耗速率)与发芽指数、出苗率呈显著正相关,与其他发芽测定指标间相关关系不显著;COP(临界氧气压强)仅与出苗率呈显著负相关关系;RGT(理论萌发时间)仅与发芽指数呈显著负相关关系;RGR(理论萌发率)与所有的发芽指标均呈显著正相关关系,且与发芽指数和出苗率呈极显著相关关系($P<0.001$)。因此,RGR 是测定常规籼稻种子活力的最佳指标。

田间出苗率是种子活力最直接的指标,为了说明 RGR 评估常规籼稻种子活力的可靠性,以 RGR 为横坐标,田间出苗率为纵坐标,进行回归分析。图 6-1 的回归分析结果表明:常规籼稻种子 RGR 值与其田间出苗率的决定系数 R^2 偏低,因此用 RGR 值预测其田间出苗率($y=3.631x-279.6$)的可靠程度不高。

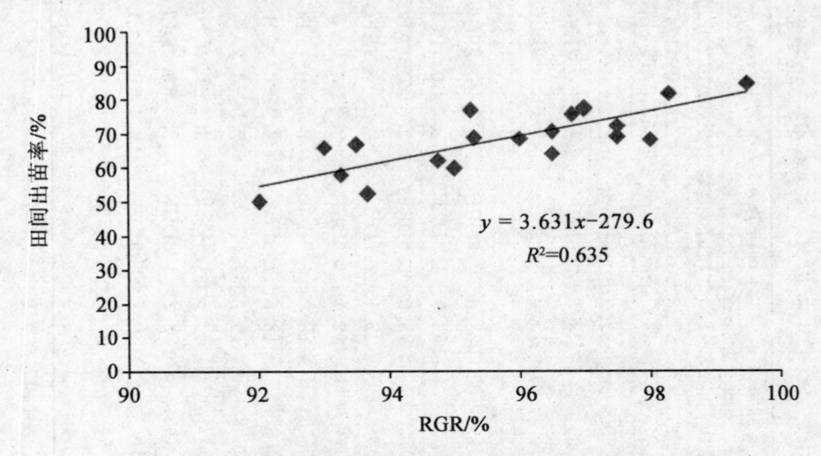

图 6-1 常规籼稻种子 RGR 值与其田间出苗率的回归分析

表 6-6 常规籼稻种子氧传感检测指标与发芽检测指标的相关关系

	IMT	OMR	COP	RGT	RGR	发芽率	发芽势	发芽指数	出苗率	苗高
IMT	1.000									
OMR	−0.593**	1.000								
COP	0.062	−0.046	1.000							
RGT	0.322	−0.438	0.274	1.000						
RGR	−0.700***	0.647**	−0.418	−0.344	1.000					
发芽率	−0.273	0.198	−0.355	−0.083	0.616**	1.000				
发芽势	−0.075	0.308	−0.277	−0.375	0.474*	0.737***	1.000			
发芽指数	−0.436	0.656**	−0.370	−0.486*	0.805***	0.345	0.471*	1.000		
出苗率	−0.415	0.525*	−0.506*	−0.416	0.797***	0.344	0.362	0.773***	1.000	
苗高	−0.198	0.414	−0.141	−0.143	0.576**	0.326	0.383	0.665**	0.618**	1.000

注:"***"表示极显著相关($P<0.001$),"**"表示相关显著($P<0.01$),"*"表示相关显著($P<0.05$)。

6.2.2 常规粳稻种子氧传感指标测定与分析

由表 6-7 方差分析可知,常规粳稻品种不同,其种子的氧代谢能力存在显著差异。从 IMT 值来看,显著低的品种有嘉 991、甬粳 09-83、嘉 33、嘉 09-35、R102 等,显著高的品种有绍糯 9714、秀水 114、丙 09-03、秀水 128、绍粳 09-65 等。从 COP 值来看,显著低的品种有甬粳 09-83、台 09-18、HZ0903、嘉 09-35、嘉花 1 号等,显著高的品种有秀水 09、HZ1010、ZH09-37、宁 81、秀水 114 等。从 RGT 值来看,显著低的品种有秀水 123、甬粳 09-83、嘉花 1 号、嘉 09-35、绍糯 9714 等,显著高的品种有嘉 33、台 09-18、秀水 114、HZ1010、秀水 09 等。从 OMR 值来看,显著高的品种有 HZ0903、绍糯 9714、秀水 123、台 09-18、秀水 128 等,显著低的品种有等嘉 991、秀水 09、丙 09-03、嘉 09-35、丙 09-24。从 RGR 值来看,显著高的品种有台 09-18、嘉 09-35、HZ0903、甬粳 09-83、R102 等,显著低的品种有秀水 114、秀水 09、HZ1010、丙 09-03、宁 81 等。

20 个常规粳稻品种种子氧传感检测指标和室内发芽指标、田间出苗指标间的相关分析结果表明(表 6-8),IMT(萌发启动时间)与所有发芽测定指标间呈负相关,但相关关系不显著;OMR(氧气消耗速率)与所有发芽测定指标间呈显著正相关关系,且与发芽指数和出苗率呈极显著正相关($P<0.001$);COP(临界氧气压力)与发芽测定指标间呈负相关,与发芽指数和出苗率间相关关系达到显著水平,但与发芽率、发芽势和苗高间相关关系不显著。RGT(理论萌发时间)与发芽测定指标间呈负相关,但相关关系不显著;RGR(理论萌发率)与所有发芽测定指标间呈正相关,但相关关系不显著。因此,OMR、COP、RGT、RGR 均可较好地区分常规粳稻种子的活力,尤以 OMR 最佳。

表 6-7 常规粳稻品种种子氧传感检测指标比较

品种	IMT/h	OMR/(%/h)	COP/%	RGT/h	RGR/%
HZ0916	39.1±6.4CDEF	1.5±0.1CDE	7.5±5.1DE	100.5±6.5DE	90.0±4.2DEFG
R102	33.0±8.0DEFG	1.5±0.1ABCD	15.6±5.4ABCD	105.5±14.5DE	96.0±1.9ABCD
丙 09-24	44.1±3.5BCDE	1.4±0.1CDE	11.5±2.6BCDE	124.3±8.0CD	94.5±1.0ABCDE
ZH09-37	45.6±6.3BCD	1.5±0.1BCDE	20.7±5.4AB	108.9±9.9DE	88.8±9.3DEFGH
绍粳 09-65	45.8±3.7BCD	1.6±0.1ABCD	13.8±3.3ABCD	107.1±4.2DE	93.5±3.0BCDE
嘉 09-35	31.7±2.8DEFG	1.4±0.1CDE	5.9±3.3DE	86.2±9.0E	99.5±0.5A
甬粳 09-83	29.7±3.8FG	1.5±0.0BCDE	3.8±1.3E	84.9±10.7E	98.5±1.5ABC
台 09-18	38.3±4.8CDEF	1.6±0.1ABC	5.7±2.6DE	152.6±19.0B	99.5±0.5A
HZ0903	34.7±3.0DEFG	1.8±0.0A	5.8±5.0DE	91.4±11.2E	98.8±1.2AB
丙 09-03	51.0±9.0BC	1.4±0.1DEF	10.4±4.3CDE	124.8±4.4CD	81.5±7.3FGH
秀水 09	38.0±7.8CDEF	1.3±0.1EF	23.0±2.5A	145.2±11.9AB	78.3±9.2GH
HZ1010	42.8±5.1BCDEF	1.4±0.1CDE	22.8±5.2A	148.9±5.1AB	80.0±5.0GH
宁 81	34.0±4.2DEFG	1.4±0.1CDE	20.7±1.3AB	95.3±1.6E	84.3±8.0EFGH
嘉 991	21.0±3.6G	1.2±0.1F	11.9±4.2BCDE	124.8±9.3CD	89.5±7.9DEFGH
秀水 123	37.3±2.4CDEF	1.7±0.1AB	7.1±2.2DE	83.7±3.5E	90.8±4.4DEFG
嘉花 1 号	33.8±4.2DEFG	1.5±0.1BCDE	6.1±5.5DE	86.2±6.9E	93.8±5.4ABCDE
绍糯 9714	67.5±3.7A	1.8±0.2A	7.8±2.7DE	86.6±12.4E	92.8±1.0CDEF
秀水 128	50.5±6.0BC	1.6±0.1ABC	11.5±3.4BCDE	134.6±7.3AB	88.3±5.4DEFGH
嘉 33	30.8±4.2EFG	1.6±0.1ABCD	12.9±4.4BCDE	219.1±23.7A	86.8±6.3DEFGH
秀水 114	55.3±9.3B	1.4±0.1CDE	19.9±2.0ABC	149.8±7.6AB	76.3±7.4H

注:表中同列数据后不同大写字母表示差异极显著($P<0.01$)。

表 6-8 常规粳稻种子氧传感检测指标与发芽检测指标的相关关系

	IMT	OMR	COP	RGT	RGR	发芽率	发芽势	发芽指数	出苗率	苗高
IMT	1.000									
OMR	0.362	1.000								
COP	0.156	−0.408	1.000							
RGT	−0.004	−0.182	0.395	1.000						
RGR	−0.310	0.429	−0.762***	−0.468*	1.000					
发芽率	0.158	0.501*	−0.114	−0.289	0.039	1.000				
发芽势	0.050	0.671**	−0.403	−0.145	0.320	0.665**	1.000			
发芽指数	0.327	0.820***	−0.445*	−0.150	0.307	0.580**	0.819***	1.000		
出苗率	0.351	0.788***	−0.449*	−0.027	0.277	0.339	0.558*	0.752***	1.000	
苗高	0.225	0.586**	−0.264	−0.290	0.423	0.166	0.410	0.468*	0.429	1.000

注："***"表示极显著相关($P<0.001$)，"**"表示相关显著($P<0.01$)，"*"表示相关显著($P<0.05$)。

6.2.3 杂交籼稻种子氧传感指标测定与分析

由表 6-9 的方差分析可得出,杂交籼稻品种中,IMT 值表现活力较强的是籼优 64、协优 413、中优 208、中优 205、内 5 优 8015、Ⅱ优 7954、株两优 609、株两优 06、钱优 0506 等,活力较差的是汕优 48-2;OMR 值表现活力较强的是钱优 0506、株两优 06、Ⅱ优 7954 等,活力较差的是汕优 48-2;COP 值表现活力较强的是株两优 609、浙辐两优 12,活力较差的是钱优 0506、Ⅱ优 7954、中优 208、中优 205、新两优 6 号、协优 413、籼优 64 等;RGT 值表现活力较强的是钱优 0506、株两优 06、Ⅱ优 7954、内 5 优 8015、浙辐两优 12、Y 两优 689、钱优 1 号、中优 205、中优 208、新两优 6 号、协优 413、中浙优 8 号、Ⅱ优 1259、丰两优 1 号、协优 982 等,活力较差的是汕优 48-2;RGR 值表现活力较强的杂交籼稻品种是钱优 0506、株两优 06、株两优 609、内 5 优 8015、Ⅱ优 7954、浙辐两优 12、Y 两优 689、钱优 1 号、中优 205、中优 208、新两优 6 号、协优 413、C 两优 87、中浙优 8 号、Ⅱ优 1259、籼优 64、协优 982 等,活力较差的是汕优 48-2、两优培九、丰两优香 1 号。

20 个杂交籼稻品种种子氧传感检测指标和室内发芽指标、田间出苗指标间的相关分析结果表明:COP 值与 5 个活力指标间均呈负相关关系,可较好地区分杂交籼稻种子的活力,但其他 4 个氧传感指标相关度差(表 6-10)。

表 6-9　杂交籼稻种子氧传感检测指标比较

品种	IMT/h	OMR/(%/h)	COP/%	RGT/h	RGR/%
钱优 0506	12.1±1.3G	4.6±0.0A	19.3±5.8A	40.4±3.0D	100.0±0.0A
株两优 06	12.7±1.3G	4.4±0.2AB	14.1±1.3BCD	39.8±2.1D	100.0±0.0A
株两优 609	15.4±5.8EFG	3.9±0.4C	3.9±0.4F	48.6±9.9BCD	96.8±3.0ABC
Ⅱ优 7954	15.6±2.9EFG	4.5±0.1AB	16.0±0.5AB	42.2±1.9CD	99.5±1.0AB
内 5 优 8015	15.4±0.8EFG	3.5±0.1D	11.0±1.0BCDE	49.3±1.5BCD	100.0±0.0A
浙辐两优 12	21.1±2.8CDE	3.1±0.3DEF	8.0±0.7EF	58.9±5.4BCD	98.5±1.9ABC
Y 两优 689	24.4±3.2BC	3.0±0.1EFG	10.0±1.1CDE	63.5±3.3BCD	98.5±1.0ABC
钱优 1 号	21.0±2.2CDE	3.2±0.2DEF	9.8±2.0DE	58.7±1.5BCD	99.0±1.2ABC
中优 205	17.5±2.1DEFG	3.4±0.0DE	15.3±2.4AB	54.9±0.9BCD	97.5±3.8ABC
中优 208	17.5±1.5DEFG	3.5±0.2D	15.6±2.9AB	53.22±2.3BCD	98.0±1.6ABC
新两优 6 号	22.0±7.8BCD	3.3±0.2DEF	14.9±1.8ABC	57.8±5.0BCD	97.0±6.0ABC
协优 413	14.9±0.7FG	4.2±0.3BC	19.3±1.1A	48.3±2.6BCD	98.3±3.5ABC
C 两优 87	27.5±3.7B	2.56±0.22H	11.59±2.01BCDE	71.17±5.55B	99.00±1.15ABC
中浙优 8 号	20.0±2.3CDEF	2.7±0.2GH	9.9±0.7CDE	54.8±2.3BCD	97.5±3.0ABC
Ⅱ优 1259	20.9±2.2CDEF	3.3±0.4DEF	12.0±1.2BCDE	52.0±4.3BCD	96.0±0.0ABC
两优培九	27.0±2.0B	2.6±0.2H	9.9±1.7CDE	68.7±3.9BC	92.8±1.5CD
丰两优 1 号	19.6±1.0CDEF	2.6±0.1H	10.2±1.1CDE	66.2±1.5BCD	96.0±3.7ABC
丰两优香 1 号	22.1±0.5BCD	2.6±0.1GH	11.6±1.4BCDE	68.1±2.8BC	93.3±1.0BCD
籼优 64	16.8±0.7DEFG	3.3±0.3DEF	14.6±2.1ABCD	70.7±36.0B	94.8±1.5ABCD
协优 982	19.8±2.9CDEF	3.0±0.3FGH	12.3±2.1BCDE	62.0±5.7BCD	96.5±3.0ABC
汕优 48-2	40.8±1.9A	1.8±0.11	13.0±5.3BCDE	125.4±38.4A	90.0±6.6D

注：表中同列数据后不同大写字母表示差异极显著($P<0.01$)。

表 6-10 杂交籼稻种子氧传感检测指标与发芽检测指标的相关关系

	IMT	OMR	COP	RGT	RGR	发芽率	发芽势	发芽指数	出苗率	苗高
IMT	1.000									
OMR	−0.837***	1.000								
COP	−0.431	0.518*	1.000							
RGT	0.797***	−0.885***	−0.360	1.000						
RGR	−0.451*	0.584**	0.257	−0.649**	1.000					
发芽率	0.295	−0.148	−0.288	0.078	0.031	1.000				
发芽势	0.265	−0.097	−0.176	0.047	0.091	0.961***	1.000			
发芽指数	0.010	0.119	−0.123	−0.106	0.100	0.917***	0.943***	1.000		
出苗率	0.106	−0.217	−0.418	0.114	−0.025	0.517*	0.412	0.443	1.000	
苗高	−0.389	0.207	−0.130	−0.340	0.219	−0.192	−0.208	−0.090	0.166	1.000

注："***"表示显著相关($P<0.001$)，"**"表示相关显著($P<0.01$)，"*"表示相关显著($P<0.05$)。

6.2.4 杂交粳稻种子氧传感指标测定与分析

从表6-11方差分析结果表明:杂交粳稻品种中,IMT值表现活力较强的是甬优10号、申优1号、嘉优1号,活力较差的是8优8号、秀优7515、宁优327、嘉优09-2;OMR值表现活力较强的是8优8号、浙优12、甬优8号、嘉优2号、浙优905,活力较差的是甬优10号、嘉乐优2号、秀优5号、春优172、春优658、申优1号、嘉优1号;COP值表现活力较强的是8优8号、浙优12、秀优7515、嘉优09-2、宁优327、甬优1号、甬优8号、嘉乐优2号、嘉优2号、秀优5号、浙优905、浙优906、浙优917、浙优929等,活力较差的是嘉优1号;RGT值表现活力除浙优929外均较强;RGR值表现活力较强的杂交粳稻品种是8优8号、浙优12、秀优7515、嘉优09-2、宁优327、甬优1号、嘉乐优2号、嘉优2号、秀优5号、春优172、浙优905、浙优906、浙优917、浙优929,活力较差的是嘉优1号。

20个杂交粳稻品种种子氧传感检测指标和室内发芽指标、田间出苗指标间的相关分析结果表明(表6-12),IMT值、OMR值、RGR值与5个活力指标间呈显著或极显著正相关,COP值与5个活力指标间呈显著或极显著负相关,但理论上IMT值与活力呈负相关关系,综合认为OMR值、RGR值、COP值均可较好地区分杂交粳稻种子的活力,尤以COP、RGR最佳。

表 6-11 杂交粳稻种子氧传感检测指标比较

品种	IMT/h	OMR/(%/h)	COP/%	RGT/h	RGR/%
8 优 8 号	49.7±1.8ABC	2.2±0.1ABCD	10.1±3.3FG	99.9±5.2AB	90.5±6.4AB
浙优 12	45.0±3.1BCD	2.6±0.1A	7.8±1.3G	85.0±2.5B	92.3±5.2A
秀优 7515	54.3±4.1A	1.9±0.1CDEF	10.8±1.1FG	112.1±5.6AB	92.5±4.1A
嘉优 09-2	51.8±4.3AB	2.0±0.2BCDE	10.5±2.0FG	103.8±4.4AB	89.8±6.1AB
宁优 327	55.5±2.3A	1.9±0.0BCDE	7.6±0.6G	106.0±2.16AB	94.0±4.2A
甬优 1 号	30.6±9.7FG	1.8±0.2DEFG	15.9±7.1DEFG	102.0±7.4AB	87.8±5.3ABC
甬优 8 号	29.2±1.1FGH	2.3±1.0ABCD	16.7±1.9CDEFG	104.3±4.6AB	78.3±6.3C
甬优 10 号	21.4±2.0HI	1.2±0.2GH	25.2±2.9BCD	120.2±19.9AB	53.0±5.6E
甬优 13	37.8±4.3DEF	1.8±0.1DEFG	22.0±6.4BCDE	117.1±6.3AB	64.5±2.1D
嘉乐优 2 号	30.8±4.3FG	1.5±0.2EFGH	6.0±2.6G	86.7±6.9B	96.8±4.0A
嘉优 2 号	28.0±3.2GH	2.5±0.2ABC	6.4±2.4G	63.3±4.8B	97.5±1.9A
秀优 5 号	32.8±4.3EFG	1.5±0.1EFGH	11.6±1.5EFG	92.9±2.8B	88.0±6.1ABC
春优 172	32.4±6.1EFG	1.1±0.1H	20.9±6.5BCDEF	102.9±4.1AB	87.5±4.2ABC
春优 658	28.0±3.6GH	1.5±0.1EFGH	27.5±7.0B	102.9±3.3AB	81.0±4.9BC
申优 1 号	15.6±4.0I	1.4±0.2EFGH	26.9±9.3BC	97.0±7.2AB	79.8±10.2BC
嘉优 1 号	17.6±7.2I	1.3±0.3FGH	40.7±13.5A	159.7±90.2AB	39.3±6.6F
浙优 905	45.0±2.9BCD	2.5±0.1AB	12.8±2.6EFG	90.2±3.4B	93.5±4.4A
浙优 906	42.1±2.2CD	2.0±0.2BCDE	6.8±0.7G	82.7±5.7B	94.3±4.0A
浙优 917	40.9±6.2CDE	1.9±0.2BCDE	6.3±0.7G	93.2±23.5B	93.5±3.3A
浙优 929	41.0±1.7CDE	1.9±0.1BCDE	7.5±1.0G	217.9±224.5A	92.3±4.0A

注:表中同列数据后不同大写字母表示差异极显著($P<0.01$)。

表 6-12　杂交粳稻种子氧传感检测指标与发芽检测指标的相关关系

	IMT	OMR	COP	RGT	RGR	发芽率	发芽势	发芽指数	出苗率	苗高
IMT	1.000									
OMR	0.527*	1.000								
COP	−0.684***	−0.596**	1.000							
RGT	−0.060	−0.273	0.292	1.000						
RGR	0.588**	0.502*	−0.874***	−0.392	1.000					
发芽率	0.747***	0.568**	−0.828***	−0.219	0.772***	1.000				
发芽势	0.778***	0.682***	−0.851***	−0.323	0.800***	0.915***	1.000			
发芽指数	0.774***	0.670**	−0.863***	−0.271	0.797***	0.972***	0.978***	1.000		
出苗率	0.551*	0.600**	−0.649**	−0.065	0.642**	0.784***	0.727***	0.752***	1.000	
苗高	0.505*	0.499*	−0.532*	0.011	0.453*	0.788***	0.641**	0.723***	0.872***	1.000

注："***"表示显著相关($P<0.001$)，"**"表示相关显著($P<0.01$)，"*"表示相关显著($P<0.05$)。

7 附录二:氧传感技术在处理后水稻种子活力快速检测中的应用

种子活力是种子质量的重要指标。随着我国加入 WTO 后种子产业化、商品化的迅速发展,种子质量越来越成为种子经营和管理的核心,如何快速检测种子活力一直是国内外研究的热点。目前水稻种子活力测定方法仍以发芽试验为主,由于发芽测定耗时长,已经不能适应市场对快速准确掌握种子质量的要求。氧传感技术是一项基于荧光猝灭原理开发的,通过测定种子萌发过程中氧气消耗来鉴定种子活力水平的新技术。本章通过对水稻种子进行引发和老化处理,并采用氧传感技术检测和分析处理后种子活力的变化,研究氧传感技术在水稻种子处理方法的快速筛选和贮藏过程中种子活力的监测中的应用。

7.1 材料与方法

试验选用浙江省 8 个主要常规水稻和杂交水稻品种种子为材料。常规籼稻品种为:甬籼 15、金早 47;常规粳稻品种为:宁 81、秀水 114;杂交籼稻品种为:钱优 1 号、株两优 609;杂交粳稻品种为：甬优13、浙优12号。所有品种种子均为在4℃下贮藏1年后的陈种子。

7.2 结果与分析

7.2.1 常规籼稻种子处理后氧传感检测指标与发芽测定指标的变化

与对照种子相比，引发处理和老化处理种子的耗氧曲线具有明显特征，引发种子的呼吸代谢明显加快，萌动提早约15 h；老化种子的呼吸代谢明显减缓，萌动滞后约10 h（图7-1）。以上结果表明，本研究建立的水稻种子活力氧传感检测体系是可行的，可以用来快速评判处理后种子活力的变化。

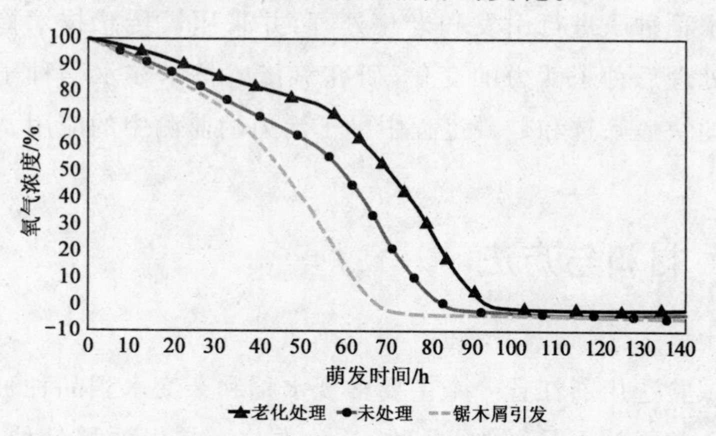

图7-1 不同处理常规籼稻种子的耗氧曲线

由表 7-1 可以看出,两个常规籼稻品种种子经锯木屑和珍珠岩引发后,呼吸代谢增强,IMT、COP、RGT 值降低,OMR、RGR 值增加,尤以锯木屑引发效果最佳。锯木屑和珍珠岩引发后甬籼 15 种子的 IMT、COP、RGT 分别降低了 42.4%、11.8%、29.7%和 40.5%、7.5%、14.2%,OMR、RGR 分别增加了 28.8%、16.8%和 1.3%、13.8%。锯木屑和珍珠岩引发后金早 47 种子的 IMT、COP、RGT 分别降低了 27.4%、10.1%、45.5%和 9.0%、6.5%、28.1%,OMR、RGR 分别增加了 25.4%、17.3%和 2.7%、14.1%。与珍珠岩引发相比,锯木屑引发后甬籼 15 种子的 OMR、RGT 值存在显著差异,IMT、COP、RGR 等指标没有显著差异;而金早 47 种子的 IMT、OMR、RGT 值存在显著差异,COP、RGR 等指标没有显著差异。老化处理后甬籼 15 种子 OMR、RGR 值显著降低,IMT、COP、RGT 值显著增加,但金早 47 种子的 IMT 值没有显著降低,其他指标变化与甬籼 15 的一致。以上结果表明,处理后常规籼稻种子呼吸代谢指标在品种间虽略有差异,但 COP、OMR、RGT、RGR 均可较好地区分常规籼稻种子的活力。

表 7-1　常规籼稻种子处理后氧传感检测指标的变化

品种	处理	IMT/h	OMR/(%/h)	COP/%	RGT/h	RGR/%
甬籼 15	锯木屑引发	11.8±0.9c	2.95±0.15a	16.4±1.2b	62.2±7.7d	88.8±6.6a
	珍珠岩引发	12.2±1.0c	2.32±0.09b	17.2±1.1b	75.9±7.0c	86.5±3.9a
	老化处理	32.8±2.0a	1.80±0.08c	35.4±2.4a	100.8±9.0a	66.0±4.3c
	未处理	20.5±1.9b	2.29±0.16b	18.6±0.4b	88.5±6.3b	76.0±4.3b
金早 47	锯木屑引发	17.0±0.9c	3.21±0.16a	12.5±0.6c	48.0±4.1d	91.5±3.3a
	珍珠岩引发	21.3±1.8b	2.63±0.14b	13.0±0.9bc	63.3±5.2c	89.0±4.2a
	老化处理	24.0±1.6a	2.36±0.04c	16.8±1.1a	105.4±7.0a	60.3±4.0c
	未处理	23.4±0.9ab	2.56±0.04b	13.9±0.7b	88.1±2.0b	78.0±3.6b

注：表中同列数据后不同小写字母表示差异极显著($P<0.05$)。

两个常规籼稻品种种子经引发处理后发芽率、发芽势、发芽指数、出苗率和苗高均显著高于对照(表 7-2)。锯木屑和珍珠岩引发后甬籼 15 种子的发芽率、发芽势、发芽指数、出苗率、苗高分别增长了 31.5%、29.5%、24.2%、67.6%、20.0%和 26.3%、19.3%、20.2%、61.8%、14.6%。锯木屑和珍珠岩引发后金早 47 种子的发芽率、发芽势、发芽指数、出苗率、苗高分别增长了 18.8%、23.4%、54.2%、42.2%、20.6% 和 18.4%、19.5%、47.0%、36.2%、18.2%。锯木屑引发的效果略好于珍珠岩引发的,但两个品种差异均不显著。老化处理均可降低 2 个常规籼稻品种种子的发芽率和出苗率,但对苗高无显著影响,且对金早 47 的发芽势和发芽指数亦无显著影响。以上结果表明,常规籼稻种子发芽试验结果与氧传感检测结果基本一致,说明氧传感检测可以代替发芽试验评价处理后常规籼稻种子的活力水平,且氧传感检测指标比发芽测定指标更敏感。

表 7-2 常规籼稻种子处理后发芽测定指标的变化

品种	处理	发芽率/%	发芽势/%	发芽指数	出苗率/%	苗高/cm
甬籼 15	锯木屑引发	78.9±5.5a	72.5±3.6a	24.6±1.1a	68.4±3.9a	31.2±1.7a
	珍珠岩引发	75.8±4.4a	66.8±2.7b	23.8±2.5a	66.0±4.1a	29.8±2.2a
	老化处理	49.0±3.9c	46.1±3.7d	15.1±3.0c	30.5±3.5c	23.6±1.8b
	未处理	60.0±3.8b	56.0±4.3c	19.8±2.7b	40.8±6.5b	26.0±0.8b
金早 47	锯木屑引发	80.8±5.1a	78.5±2.3a	25.6±3.7a	64.0±5.9a	30.5±2.0a
	珍珠岩引发	80.5±4.7a	76.0±0.8a	24.4±2.9a	61.3±3.4a	29.9±2.1a
	老化处理	51.2±4.0c	60.2±4.1b	14.5±1.2b	33.7±4.8c	23.0±1.4b
	未处理	68.0±4.2b	63.6±3.3b	16.6±1.2b	45.0±4.5b	25.3±1.6b

注：表中同列数据后不同小写字母表示差异极显著($P<0.05$)。

7.2.2 常规粳稻种子处理后氧传感检测指标与发芽测定指标的变化

由表 7-3 可以看出,两个常规粳稻品种种子经锯木屑和珍珠岩引发后,呼吸代谢亦增强,COP、RGT 值降低,OMR、RGR 值增加,尤以珍珠岩引发效果最佳。但珍珠岩引发提高了秀水 114 种子的 IMT 值,与理论相悖。锯木屑和珍珠岩引发后宁 81 种子的 COP、RGT 分别降低了 5.6%、7.7%和 47.7%、15.3%,OMR、RGR 分别增加了 11.8%、47.2%和 14.3%、77.8%。锯木屑和珍珠岩引发后秀水 114 种子的 COP、RGT 分别降低了 2.6%、14.8% 和 28.4%、36.6%,OMR、RGR 分别增加了 18.9%、54.2%和 45.9%、57.6%。与锯木屑引发相比,珍珠岩引发后宁 81 种子的 IMT、COP、RGR 值存在显著差异,OMR、RGT 值差异不明显;而秀水 114 种子的 IMT、OMR、COP、RGT 值存在显著差异,RGR 值差异不显著。两个常规粳稻品种经老化处理后,RGT 值显著增加,RGR 值显著降低;IMT 值显著降低,与理论相悖。以上结果表明,处理后常规粳稻种子呼吸代谢

表 7-3 常规粳稻种子处理后氧传感检测指标的变化

品种	处理	IMT/h	OMR/(%/h)	COP/%	RGT/h	RGR/%
宁 81	锯木屑引发	24.1±3.3b	1.33±0.09a	10.1±1.3b	105.0±5.8b	53.0±5.1b
	珍珠岩引发	32.3±4.9a	1.36±0.05a	5.6±1.2c	96.4±12.1b	64.0±4.3a
	老化处理	22.7±5.2b	1.01±0.09c	12.0±0.8a	256.4±20.5a	23.0±2.1d
	未处理	36.5±2.9a	1.19±0.10b	10.7±0.5ab	113.8±12.8b	36.0±2.6c
秀水 114	锯木屑引发	25.5±4.1c	0.88±0.12b	11.3±1.2b	95.5±4.3c	91.0±4.5a
	珍珠岩引发	41.5±6.3a	1.08±0.07a	8.3±0.6c	71.1±7.9d	93.0±2.9a
	老化处理	30.4±6.6bc	0.65±0.04c	17.7±1.9a	135.0±14.1a	40.0±5.9c
	未处理	39.2±6.5ab	0.74±0.06c	11.6±1.1b	112.1±8.5b	59.0±5.4b

注：表中同列数据后不同小写字母表示差异极显著($P<0.05$)。

指标在品种间略有差异,但 RGT、RGR 可较好地区分常规粳稻种子的活力。

两个常规粳稻品种种子经引发处理后发芽率、发芽势、发芽指数、出苗率和苗高均显著高于对照(表 7-4)。锯木屑和珍珠岩引发后宁 81 种子的发芽率、发芽势、发芽指数、出苗率、苗高分别增长了 81.5%、80.6%、58.9%、90.6%、2.1%和 122.5%、125%、86.7%、192.5%、9.8%。锯木屑和珍珠岩引发后秀水 114 种子的发芽率、发芽势、发芽指数、出苗率、苗高分别增长了 43.8%、46.9%、6.9%、25.6%、7.7%和 73.1%、66.7%、31.9%、40.3%、11.8%。珍珠岩引发的效果明显好于锯木屑引发的。老化处理均可降低 2 个粳稻品种种子的发芽率,但对苗高无显著影响,且对宁 81 的发芽势和秀水 114 的出苗率亦无显著影响。以上结果表明,常规粳稻种子发芽试验结果与氧传感检测结果基本一致,说明氧传感检测亦可代替发芽试验评价处理后常规粳稻种子的活力水平,且氧传感检测指标比发芽测定指标更能反映种子活力的变化。

表 7-4　常规粳稻种子处理后发芽测定指标的变化

品种	处理	发芽率/%	发芽势/%	发芽指数	出苗率/%	苗高/cm
宁 81	锯木屑引发	36.3±2.9b	28.9±2.8b	14.3±1.2b	30.5±2.5b	24.0±2.9ab
	珍珠岩引发	44.5±4.2a	36.0±6.5a	16.8±1.3a	46.8±0.9a	25.8±1.2a
	老化处理	14.0±1.4d	12.0±1.6c	4.3±0.4d	10.6±0.5d	22.1±1.6b
	未处理	20.0±2.2c	16.0±0.8c	9.0±0.8c	16.0±3.7c	23.5±1.1ab
秀水 114	锯木屑引发	74.8±4.0b	70.5±4.7b	15.4±0.5ab	45.2±4.1a	23.7±1.3a
	珍珠岩引发	90.0±2.4a	80.0±8.2a	19.0±2.9a	50.5±5.4a	24.6±0.4a
	老化处理	40.5±3.3d	33.3±4.0d	11.0±2.2c	30.8±2.9b	21.1±0.8b
	未处理	52.0±4.3c	48.0±5.9c	14.4±3.7bc	36.0±2.4b	22.0±1.4b

注：表中同列数据后不同小写字母表示差异极显著($P<0.05$)。

7.2.3 杂交籼稻种子处理后氧传感检测指标与发芽测定指标的变化

由表7-5可以看出,两个杂交籼稻品种种子经锯木屑和珍珠岩引发后,呼吸代谢增强,IMT、COP、RGT值降低,OMR、RGR值增加,尤以珍珠岩引发效果最佳。锯木屑和珍珠岩引发后株两优609种子的IMT、COP、RGT分别降低了9.7%、5.0%、20.3%和28.4%、19.3%、29.8%,OMR、RGR分别增加了25.0%、2.0%和32.1%、2.0%。锯木屑和珍珠岩引发后钱优1号种子的IMT、COP、RGT分别降低了17.7%、2.4%、27.3%和29.6%、4.3%、30.7%,OMR、RGR分别增加了25.0%、7.7%和29.2%、9.9%。与锯木屑引发相比,珍珠岩引发后株两优609种子的IMT值存在显著差异,OMR、COP、RGT、RGR等指标没有显著差异;而钱优1号种子的IMT、RGT值存在显著差异,OMR、COP、RGR等指标没有显著差异。老化处理后株两优609种子IMT、RGT值显著增加,OMR、COP、RGR值没有显著变化;钱优1号种子氧代谢指标变化与株两优609的一致。以上结果表明,两个杂交籼稻品种除IMT外,COP、OMR、RGT、RGR用于区分杂交籼稻种子活力效果欠佳。

表 7-5　杂交籼稻种子处理后氧传感检测指标的变化

品种	处理	IMT/h	OMR/(%/h)	COP/%	RGT/h	RGR/%
株两优 609	锯木屑引发	12.1±2.1b	3.5±0.8a	17.2±1.8ab	46.0±10.0ab	100.0±0.0a
	珍珠岩引发	9.6±0.7c	3.7±1.0a	14.6±4.0b	40.5±8.7b	100.0±0.0a
	老化处理	20.3±3.8a	2.5±0.7b	19.5±2.9a	64.5±8.0a	95.0±4.3b
	未处理	13.4±2.9b	2.8±0.4b	18.1±3.7a	57.7±9.1a	98.0±2.0ab
钱优 1 号	锯木屑引发	14.6±3.0b	3.0±0.7a	16.0±2.3b	50.4±8.0b	98.0±1.5a
	珍珠岩引发	11.6±2.8c	3.1±0.9a	15.7±3.1b	48.0±4.7b	100.0±0.0a
	老化处理	19.2±1.6a	2.3±0.6b	22.4±4.7a	71.1±6.6a	87.0±5.5b
	未处理	15.8±5.1b	2.4±0.5b	16.4±3.5b	69.3±7.4a	91.0±4.7b

注：表中同列数据后不同小写字母表示差异极显著($P<0.05$)。

两个杂交籼稻品种种子经珍珠岩引发处理后发芽率、发芽势、发芽指数、出苗率和苗高均显著高于对照,但锯木屑引发效果欠佳(表 7-6)。锯木屑和珍珠岩引发后株两优 609 种子的发芽率、发芽势、发芽指数、出苗率、苗高分别增长了 2.4%、4.9%、36.5%、8.6%、0.7% 和 14.3%、17.1%、41.3%、19.4%、7.8%。锯木屑和珍珠岩引发后钱优 1 号种子的发芽率、发芽势、发芽指数、出苗率、苗高分别增长了 0.0%、0.0%、45.7%、2.2%、2.6% 和 10.8%、10.8%、52.0%、11.3%、7.2%。老化处理仅显著降低了株两优 609 种子的发芽指数,但对其他指标无显著影响;老化处理仅显著降低了钱优 1 号种子的出苗率,但对其他指标无显著影响。以上结果表明,氧传感检测指标比发芽测定指标更敏感。

7.2.4 杂交粳稻种子处理后氧传感检测指标与发芽测定指标的变化

由表 7-7 可以看出,两个杂交粳稻品种种子经锯木屑和珍珠岩引发后,呼吸代谢增强, COP、RGT 值降低,IMT、OMR、RGR 值增加,尤以珍珠岩引发效果最佳。锯木屑和珍珠岩引发后浙优 12 种子的 COP、RGT 分别降低了 49.2%、14.4%和 30.0%、25.3%,IMT、OMR、RGR 分别增加了 80.6%、5.3%、3.3%和 49.8%、26.3%、7.7%。锯木屑和珍珠岩引发后甬优 13 种子的 COP、RGT 分别降低了 26.8%、8.8%和 35.2%、12.3%,

表 7-6　杂交籼稻种子处理后发芽测定指标的变化

品种	处理	发芽率/%	发芽势/%	发芽指数	出苗率/%	苗高/cm
株两优 609	锯木屑引发	86.0±10.3b	86.0±10.3b	31.4±3.3a	63.2±10.8ab	27.2±7.9a
	珍珠岩引发	96.0±4.0a	96.0±4.0a	32.5±4.9a	69.5±7.7a	29.1±8.5a
	老化处理	82.0±7.5b	82.0±7.5b	19.9±1.8c	55.8±4.5c	25.4±3.7a
	未处理	84.0±2.7b	82.0±3.0b	23.0±2.0b	58.2±5.6bc	27.0±3.8a
钱优 1 号	锯木屑引发	74.0±4.5b	74.0±4.5b	25.5±3.7a	39.0±3.9ab	33.2±1.2a
	珍珠岩引发	82.0±8.7a	82.0±8.7a	26.6±5.6a	42.3±6.7a	29.9±1.1b
	老化处理	74.0±3.7b	74.0±3.7b	16.4±2.9b	33.5±6.8c	26.4±2.4b
	未处理	74.0±5.0b	74.0±5.0b	17.5±4.8b	38.0±8.5b	27.9±6.1b

注：表中同列数据后不同小写字母表示差异极显著($P<0.05$)。

表 7-7 杂交粳稻种子处理后氧传感检测指标的变化

品种	处理	IMT/h	OMR/(%/h)	COP/%	RGT/h	RGR/%
浙优 12	锯木屑引发	39.2±7.4a	2.0±0.1b	6.1±1.2d	72.0±8.5b	94.0±1.5b
	珍珠岩引发	32.5±6.8a	2.4±0.3a	8.4±1.9c	62.8±6.0c	98.0±2.0a
	老化处理	20.1±3.9b	1.5±0.2d	15.1±2.3a	87.6±2.7a	87.0±3.0d
	未处理	21.7±5.3b	1.9±0.1c	12.0±2.5b	84.1±3.0a	91.0±1.0c
甬优 13	锯木屑引发	20.4±4.1a	1.9±0.2ab	10.4±2.9c	81.3±7.3b	92.0±2.3ab
	珍珠岩引发	19.6±1.7a	2.1±0.2a	9.2±1.0c	78.1±9.7b	95.0±2.5a
	老化处理	14.9±2.5b	1.4±0.1c	18.1±2.8a	90.2±5.5a	84.0±1.7c
	未处理	19.1±5.0a	1.7±0.2b	14.2±1.7b	89.1±3.7a	88.0±3.2bc

注:表中同列数据后不同小写字母表示差异极显著($P<0.05$)。

IMT、OMR、RGR 分别增加了 6.8%、11.8%、4.5%和 2.6%、23.5%、8.0%。与珍珠岩引发相比,锯木屑引发后浙优 12 种子的 OMR、COP、RGT、RGR 值存在显著差异,IMT 值没有显著差异;而甬优 13 种子的 5 个氧代谢指标均无显著差异。老化处理后浙优 12 种子 OMR、RGR 值显著降低,COP 值显著增加,甬优 13 种子的 IMT、OMR、COP 值发生显著变化。但 IMT 值的变化与活力呈正相关,与理论相悖。以上结果表明,处理后杂交粳稻种子呼吸代谢指标在品种间虽略有差异,但 OMR、COP、RGR 均可较好地区分杂交粳稻种子的活力。

两个杂交粳稻品种种子经引发处理后发芽率、发芽势、发芽指数、出苗率和苗高均显著高于对照(表 7-8),尤以珍珠岩引发最佳。锯木屑和珍珠岩引发后浙优 12 种子的发芽率、发芽势、发芽指数、出苗率、苗高分别增长了 4.3%、4.4%、46.1%、37.6%、5.1%和 6.5%、6.7%、54.5%、42.0%、8.9%。锯木屑和珍珠岩引发后甬优 13 种子的发芽率、发芽势、发芽指数、出苗率、苗高分别增长了 31.6%、38.2%、90.2%、90.0%、16.2%和 63.2%、76.5%、103.3%、132.0%、18.7%。老化处理均可降低 2 个杂交粳稻品种种子的发芽率和出苗率,但对苗高无显著影响。以上结果表明,杂交粳稻种子发芽试验结果与氧传感检测结果基本一致,说明氧传感检测可以代替发芽试验评价处理后杂交粳稻种子的活力水平,且氧传感检测指标比发芽测定指标更敏感。

表 7-8 杂交粳稻种子处理后发芽测定指标的变化

品种	处理	发芽率/%	发芽势/%	发芽指数	出苗率/%	苗高/cm
浙优 12	锯木屑引发	96.0±2.0a	94.0±2.8a	24.1±0.9a	68.8±8.5a	24.8±1.1a
	珍珠岩引发	98.0±1.5a	96.0±3.7a	25.5±1.8a	71.0±3.8a	25.7±2.3a
	老化处理	84.0±4.0c	80.0±5.0c	12.5±1.1c	36.5±4.0c	22.0±3.2b
	未处理	92.0±2.7b	90.0±3.0b	16.5±4.0b	50.0±2.8b	23.6±3.0ab
甬优 13	锯木屑引发	50.0±6.0b	47.0±8.3b	11.6±2.6a	28.5±5.5b	23.0±2.9a
	珍珠岩引发	62.0±8.7a	60.0±5.5a	12.4±3.0a	34.8±6.7a	23.5±1.8a
	老化处理	32.0±5.0d	28.0±4.0d	5.0±1.0c	8.0±1.5d	17.8±2.7b
	未处理	38.0±3.5c	34.0±7.0c	6.1±2.4b	15.0±4.3c	19.8±2.0b

注:表中同列数据后不同小写字母表示差异极显著($P<0.05$)。

参考文献

[1] “一种杂交水稻种子活力氧传感快速测定方法”(申请号/专利号:201210394013.2,国家发明专利申请人:赵光武,羊敏杰).

[2] Zhao, G. W., Cao, D. D., Chen, H. Y., Ruan, G. H. and Yang, M. J.. A study on the rapid assessment of conventional rice seed vigour based on oxygen-sensing technology. Seed Science and Technology[J]. 2013, 41: 257-269.

[3] 陈荣俊,赵光武(通讯作者),曹栋栋,阮关海,陈合云.氧传感技术在处理后常规稻种子活力快速检测中的应用[J].种子,2013,32(5):8-11.

[4] 赵光武,阮关海,陈合云,曹栋栋,羊敏杰.氧传感技术及其在水稻种子活力检测中的应用与展望[J].中国稻米,2011,17(6):44-46.

[5] 赵光武,钟泰林,应叶青.现代种子种苗实验指南[M].北京:中国农业出版社,2015.